Rechnen im Hunderterfeld – Zahlen ordnen und benennen

Anna und Leon gehen zusammen in die 2. Klasse der Sonnenscheinschule.
Als sie in das Klassenzimmer kommen, staunen sie.
Da hängt eine bunte Blumengirlande!
„Die ist aber schön!“, meint Anna.
„Auf der Girlande stehen ja Zahlen und Buchstaben!“, ruft Leon.
Ihr Klassenlehrer, Herr Wagner, lacht zufrieden.
„Ihr könnt sie gleich in euer Hunderterfeld einordnen“, sagt er.

1 Zahlen ordnen:
„Auch Zahlen brauchen Ordnung“, sagt Herr Wagner. „Helft ihr mir aufzuräumen?“

a Ordne die Zahlen aus dem Bild auf Seite 1 der Größe nach. Beginne mit der kleinsten Zahl. Trage sie mit dem zugehörigen Buchstaben in den Lösungskasten ein.

12			
L			

b Trage nun die Zahlen von Aufgabe **a** mit **blauer** Farbe ins Hunderterfeld auf Seite 5 ein.

2 Reihen und Kästchen zählen:
Anna fragt Leon: „Weißt du, wie diese Zahlen heißen?“ Leon überlegt.

Hilf ihm und schreibe die Zahlen auf die Linie. Trage sie dann mit **roter** Farbe ins Hunderterfeld auf Seite 5 ein.

a

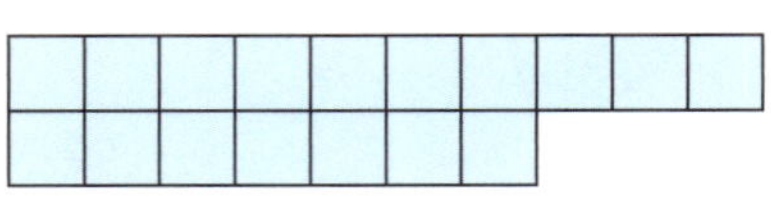

____

b

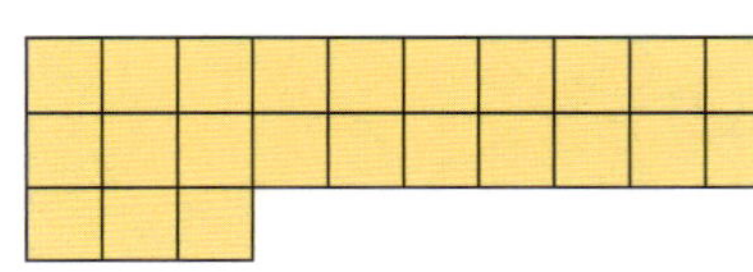

____

c

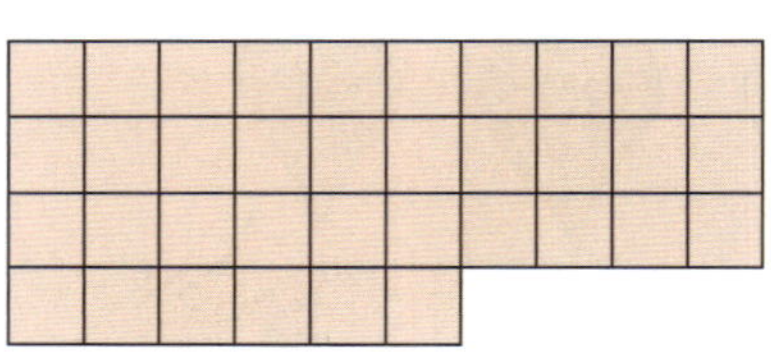

____

d

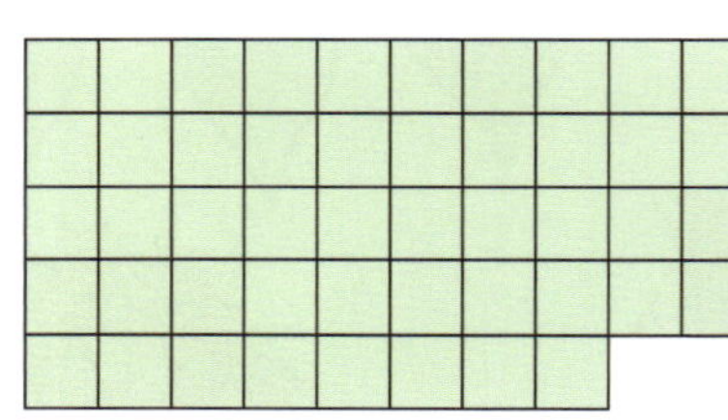

____

e

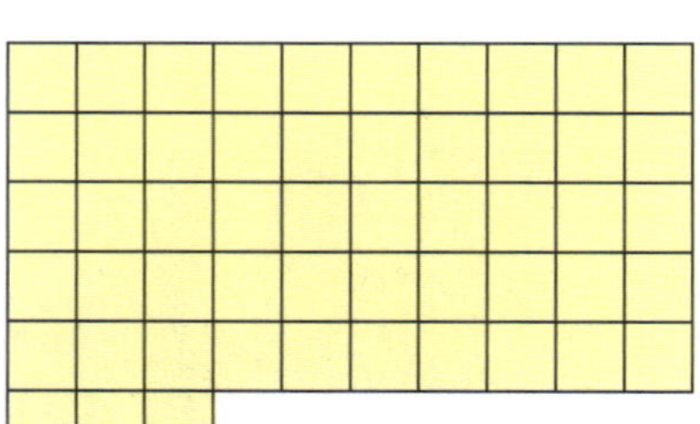

____

f

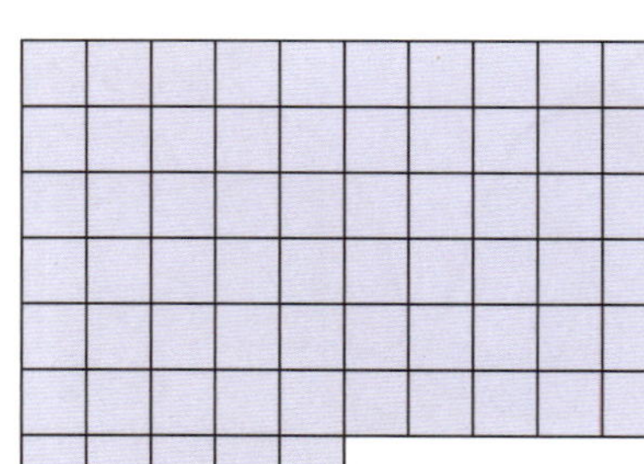

____

3 Zahlen lesen:
Anna ruft Leon Zahlen zu.

Schreibe die Zahlen in die Kästchen und trage sie mit **grüner** Farbe ins Hunderterfeld auf Seite 5 ein.

siebenundachtzig

einundsechzig

dreiundachtzig

fünfundneunzig

vierzehn

einundneunzig

fünfundfünfzig

achtundsechzig

zweiundvierzig

fünfundsiebzig

neununddreißig

siebenundzwanzig

4 Zahlenfelder füllen:
„Jetzt werden wir zu Detektiven im Hunderterfeld!“, sagt Leon zu Anna.

Vergleiche diese Zahlen mit dem Hunderterfeld und ergänze die Zahlen in den leeren Kästchen. Trage deine ergänzten Zahlen mit **brauner** Farbe ins Hunderterfeld auf Seite 5 ein.

16	17
	27

81		83	84
91		93	

	52
61	
	72

	67

	48	
	58	

	25
44	

	12	

			70

5 Zahlen finden und eintragen:
Anna und Leon stellen fest: „In unserem Hunderterfeld fehlen immer noch einige Zahlen.“

a Markiere die fehlenden Zahlen im Kasten farbig.

85	43	6	18	87	17	2	99	31	64	33	9	96	15	29	38	69	73	54
N	T	A	L	M	G	O	H	F	E	R	K	U	D	E	E	B	D	R

b Übertrage die Buchstaben unter den markierten Zahlen in den Lösungskasten. Beginne mit dem Buchstaben unter der größten Zahl.

Anna und Leon staunen: „Du kennst dich ja sehr gut aus im

!“

c Trage die markierten Zahlen von Aufgabe **a** mit **lila** Farbe ins Hunderterfeld ein.

Unser Hunderterfeld

1	2	3	4	5	6	7	8	9	10
									20
									30
									40
									50
									60
									70
									80
									90
									100

Entdeckungen im Zahlenland – Zahlen zerlegen und vergleichen

6 Zahlen zerlegen:
Anna und Leon legen ein Mathe-Puzzle.

Hilf ihnen, die Puzzleteile richtig zusammenzusetzen.
Es ergeben sich immer vier Rechnungen.

a Male die zwei Puzzleteile in derselben Farbe aus, die zusammen die Zahl 70 ergeben.

Schreibe die Rechnungen auf.

70 = ________ + ________

70 = ________ + ________

70 = ________ + ________

70 = ________ + ________

b Male die zwei Puzzleteile in derselben Farbe aus, die zusammen die Zahl 100 ergeben.

Schreibe die Rechnungen auf.

100 = ________ + ________

100 = ________ + ________

100 = ________ + ________

100 = ________ + ________

c Male die zwei Puzzleteile in derselben Farbe aus, die zusammen die Zahl 80 ergeben.

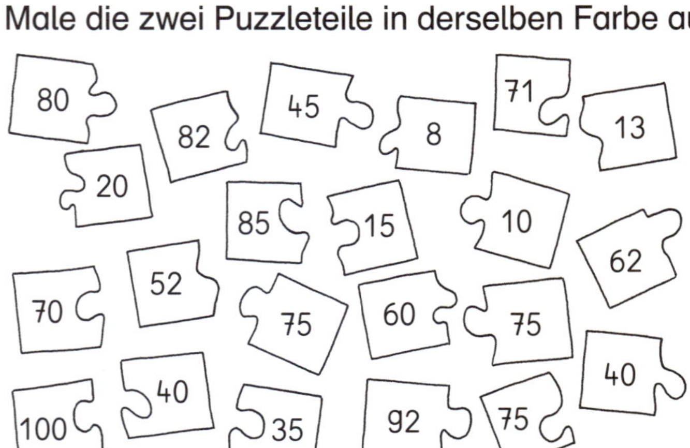

Schreibe die Rechnungen auf.

80 = ________ + ________

80 = ________ + ________

80 = ________ + ________

80 = ________ + ________

7 Zahlen vergleichen:
Die 2 b bastelt mit Stoffresten. So ein Durcheinander!

Zum Vergleichen von Zahlen verwendest du ein Istgleichzeichen (=), ein Größerzeichen (>) oder ein Kleinerzeichen (<).

Beispiel:	8 **=** 8	9 **>** 8	7 **<** 8
	8 ist **gleich** 8	9 ist **größer als** 8	7 ist **kleiner als** 8

a Kreise alle Stoffreste mit **blauer** Farbe ein, auf denen eine Zahl steht, die größer als (>) 47 ist.

b Kreise alle Stoffreste mit **roter** Farbe ein, auf denen eine Zahl steht, die kleiner als (<) 47 ist.

8 Stellenwerttabellen:
Anna und Leon kennen sich schon gut im Hunderterfeld aus.
Sie notieren die Zahlen in der Stellenwerttabelle.

In der Stellenwerttabelle ordnest du die Zahlen nach der **Einerstelle**, der **Zehnerstelle** und der **Hunderterstelle**.
Zahlen von 0 bis 9 haben nur eine Einerstelle (**E**).
Zahlen von 10 bis 99 haben eine Einerstelle (**E**) und eine Zehnerstelle (**Z**).
Die Zahl 100 hat eine Einerstelle (**E**), eine Zehnerstelle (**Z**) und eine Hunderterstelle (**H**).

Beispiele:

7

H	Z	E
		7

35

H	Z	E
	3	5

100

H	Z	E
1	0	0

Ungerade Zahlen sind Zahlen mit der Einerziffer: 1, 3, 5, 7, 9
Gerade Zahlen sind Zahlen mit der Einerziffer: 0, 2, 4, 6, 8

Schreibe die folgenden Zahlen in die Stellenwerttabelle:

37

H	Z	E

95

H	Z	E

2

H	Z	E

14

H	Z	E

9

H	Z	E

79

H	Z	E

44

H	Z	E

36

H	Z	E

achtundfünfzig

H	Z	E

dreiundzwanzig

H	Z	E

neunundsiebzig

H	Z	E

neunundvierzig

H	Z	E

siebzehn

H	Z	E

vierundachtzig

H	Z	E

siebenundneunzig

H	Z	E

zweiundzwanzig

H	Z	E

9 Zahlen beschreiben:
Die Mathematiker der 2 b beschreiben Zahlen.

Findest du heraus, welche Zahlen sie beschreiben?

Tipp!
Probiere deinen Lösungsweg im Hunderterfeld aus.

a Anna beschreibt ihre Zahl so:
„Es ist eine ungerade Zahl. Sie ist größer als 64 und kleiner als 69. Die Zahl 65 ist es nicht.“

Die Zahl heißt: ____________

b Leon beschreibt seine Zahl so:
„Es ist eine gerade Zahl. Die Zehnerziffer ist die gleiche wie die Einerziffer. Die Zahl ist kleiner als 50 und größer als 23.“

Die Zahl heißt: ____________

c Nilay beschreibt ihre Zahl so:
„Es ist eine gerade Zahl. Die Zehnerziffer ist doppelt so groß wie die Einerziffer. Die Zahl ist größer als 75.“

Die Zahl heißt: ____________

d Anton beschreibt seine Zahl so:
„Es ist eine Zahl mit der Einerziffer 5. Die Zahl ist größer als 7 und kleiner als 74. Im Hunderterfeld findest du die Zahl im linken unteren Viertel. Die Zehnerziffer ist nicht dieselbe wie die Einerziffer.“

Die Zahl heißt: ____________

e Fällt dir selbst ein Rätsel ein? Schreibe es in die Zeilen.
Können es deine Eltern, größeren Geschwister, Freunde oder Lehrer lösen?

Wir rechnen bis 100 – Addition und Subtraktion ohne und mit Zehnerübergang

10 Rechnen ohne Zehnerübergang:
Leon soll die folgenden Rechnungen lösen und dabei zusammenzählen und abziehen: 46 + 3 = ______ 66 – 3 = ______

Mit den Zehnern und Einern kommt Leon oft durcheinander. Anna verrät ihm einen Trick, wie er einfacher rechnen kann.

Bei Aufgaben ohne Zehnerübergang kannst du zum Rechnen den Zehner zuerst weglassen. Danach fügst du die Zehner wieder hinzu und hast das Ergebnis:

Beispiel: ___6 + 3 = ___9 ___6 – 3 = ___3

46 + 3 = 49 66 – 3 = 63

Merke dir außerdem: Zusammenzählen nennt man auch **addieren**, abziehen nennt man auch **subtrahieren**.

Löse die Aufgaben ebenso vorteilhaft.

a

24 + 5 = ______	53 + 6 = ______	72 + 4 = ______
33 + 4 = ______	62 + 7 = ______	91 + 8 = ______
16 + 3 = ______	77 + 0 = ______	42 + 6 = ______
55 + 4 = ______	31 + 2 = ______	74 + 3 = ______

b

28 – 5 = ______	69 – 8 = ______	88 – 7 = ______
54 – 3 = ______	92 – 0 = ______	19 – 6 = ______
99 – 6 = ______	37 – 4 = ______	68 – 8 = ______
45 – 4 = ______	78 – 7 = ______	16 – 6 = ______

c

66 + 3 = ______	16 + 3 = ______	86 + 3 = ______
49 – 4 = ______	89 – 4 = ______	46 + 3 = ______
69 – 4 = ______	36 + 3 = ______	19 – 4 = ______
29 – 4 = ______	26 + 3 = ______	88 + 1 = ______

11 Rechnen mit Zehnern:
„Und wie rechne ich, wenn ich auch Zehner dazuzähle oder abziehe?“, fragt Anna.
Herr Wagner erklärt der Klasse, wie man solche Aufgaben rechnen kann.

Beispiele: 46 + **13** = ______ 87 – **56** = ______

Solche Aufgaben kannst du auf zwei Arten ausrechnen:

1. Möglichkeit

Bei der Plusaufgabe zählst du zunächst die vollen Zehner zusammen:	40 + **10** = 50
Dann rechnest du die Einer zusammen:	6 + **3** = 9
Zum Schluss zählst du die beiden Ergebnisse deiner Rechnung zusammen:	50 + 9 = 59
Bei der Minusaufgabe machst du es genauso,	80 – **50** = 30
nur dass du minus rechnen musst.	7 – **6** = 1
Die Ergebnisse rechnest du wieder zusammen:	30 + 1 = 31

2. Möglichkeit

Bei der Plusaufgabe zählst du erst die Zehner dazu:	46 + **10** = 56
Dann zählst du zum Ergebnis noch die Einer dazu:	56 + **3** = 59
Bei der Minusaufgabe ziehst du zunächst die Zehner ab:	87 – **50** = 37
Von diesem Ergebnis ziehst du die restlichen Einer ab:	37 – **6** = 31

Rechne mit deinem Rechenweg.

a	24 + 35 = ______	53 + 26 = ______	72 + 14 = ______
	23 + 74 = ______	62 + 27 = ______	81 + 18 = ______
	16 + 83 = ______	77 + 12 = ______	42 + 46 = ______
	45 + 54 = ______	31 + 22 = ______	74 + 23 = ______
b	28 – 15 = ______	69 – 58 = ______	88 – 67 = ______
	54 – 23 = ______	92 – 81 = ______	29 – 16 = ______
	99 – 46 = ______	37 – 24 = ______	68 – 68 = ______
	45 – 34 = ______	78 – 57 = ______	96 – 82 = ______
c	55 – 33 = ______	14 + 14 = ______	99 – 32 = ______
	87 – 34 = ______	13 + 83 = ______	88 – 14 = ______
	12 + 35 = ______	21 + 63 = ______	97 – 65 = ______
	15 + 23 = ______	42 + 52 = ______	98 – 86 = ______
	63 – 41 = ______	85 – 22 = ______	11 + 32 = ______

12 Zusammenzählen mit Zehnerübergang:
Anna und Leon haben wie du die letzten Aufgaben gut geübt und können jetzt noch schwierigere Rechnungen lösen. Für sie ist zum Beispiel diese Aufgabe kein Problem:

37 + 16 = ______

Für Aufgaben mit Zehnerübergang, wie bei der Aufgabe 37 + **16** = ______, gibt es mehrere Lösungswege:

Du kannst zuerst die Zehner dazuzählen. Zu diesem Ergebnis zählst du die Einer dazu.	37 + **10** = 47 47 + **6** = 53
Oder: Du zählst zuerst die Einer dazu. Zu diesem Ergebnis zählst du die Zehner dazu.	37 + **6** = 43 43 + **10** = 53
Oder: Du zählst den nächsthöheren runden Zehner dazu. Als nächstes musst du die Einer abziehen, die du vorher zu viel dazugezählt hast.	37 + **20** = 57 57 – **4** = 53
Oder: Du rechnest zuerst mit vollen Zehnern. Dann rechnest du die Einer aus. Jetzt zählst du beide Ergebnisse zusammen.	30 + **10** = 40 7 + **6** = 13 40 + 13 = 53

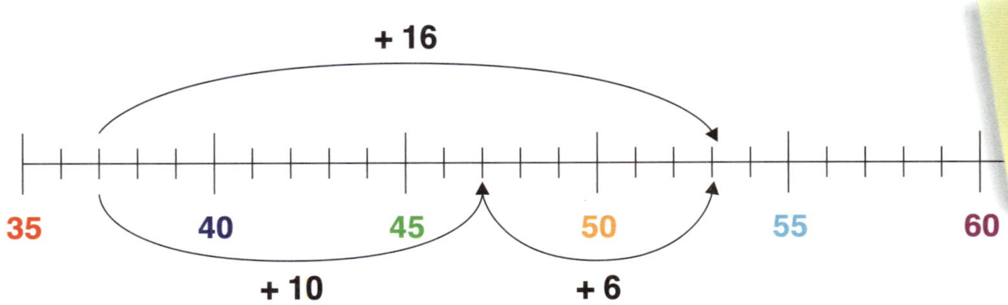

Tipp!
Wenn du unsicher bist, überprüfe mit dem Zahlenstrahl.

a Rechne vorteilhaft mit deinem Lösungsweg.

24 + 49 =

52 + 29 =

16 + 57 =

77 + 14 =

49 + 17 =

23 + 38 =

36 + 55 =

83 + 16 =

44 + 39 =

b Rechne. Was fällt dir bei den Ergebnissen auf?

18 + 27 = ______	26 + 19 = ______	27 + 18 = ______
39 + 37 = ______	19 + 57 = ______	57 + 19 = ______
19 + 64 = ______	64 + 19 = ______	28 + 55 = ______
34 + 27 = ______	28 + 33 = ______	27 + 34 = ______
25 + 59 = ______	39 + 45 = ______	17 + 67 = ______

____

____

Wenn du willst, kannst du deine Rechnungen an diesem Zahlenstrahl überprüfen:

c Wer wartet vor der Schule auf Anna und Leon?
Rechne die Aufgaben und male die Felder mit den Lösungszahlen im Bild **braun** an.

57 + 27 = ______	21 + 29 = ______	96 – 24 = ______
86 – 31 = ______	18 + 77 = ______	69 – 18 = ______
19 + 64 = ______	99 – 54 = ______	78 – 55 = ______
13 + 64 = ______	78 + 19 = ______	28 + 34 = ______

13 Abziehen mit Zehnerübergang:
Herr Wagner erklärt an der Tafel, wie man zum Beispiel 33 – 17 = ______ ausrechnet.

Die Aufgabe 33 – **17** = ______ kannst du auf drei verschiedene Arten berechnen:

Du kannst zuerst die Zehner und dann die Einer abziehen.	33 – **10** = 23 23 – **7** = 16
Oder: Du ziehst den nächsthöheren runden Zehner ab und zählst dann die zuviel abgezogenen Einer dazu.	33 – **20** = 13 13 + **3** = 16
Oder: Du ziehst zuerst die Einer ab und dann die Zehner.	33 – **7** = 26 26 – **10** = 16

a Rechne vorteilhaft mit deinem Lösungsweg.

46 – 27 =	55 – 38 =	93 – 45 =
62 – 33 =	32 – 14 =	24 – 16 =
71 – 25 =	80 – 38 =	52 – 13 =
78 – 19 =	60 – 23 =	35 – 17 =

b Überprüfe alle Ergebnisse von Aufgabe **a** mit der Umkehraufgabe.

19 + 27 = 46 ______ + ______ = ______ ______ + ______ = ______

______ + ______ = ______ ______ + ______ = ______ ______ + ______ = ______

______ + ______ = ______ ______ + ______ = ______ ______ + ______ = ______

______ + ______ = ______ ______ + ______ = ______ ______ + ______ = ______

14 Zusammenzählen und abziehen mit Zehnerübergang:
Leon und Anna spielen Rechenbingo!

Rechne die folgenden Aufgaben in beliebiger Reihenfolge. Wenn du dein Ergebnis im Kasten findest, male das Feld aus. Wenn der Kasten ausgemalt ist, hast du gewonnen. **Bingo!** Mit viel Glück bist du nach sieben Aufgaben fertig.

B I N G O

22 + 16 = ______ 72 – 2 – 20 = ______

35 + 29 = ______ 99 – 17 = ______ 23 + 8 + 15 = ______

19 – 11 + 25 = ______ 93 – 11 + 15 = ______

15 + 17 = ______ 45 + 12 = ______ 67 – 33 = ______

90 – 24 = ______ 34 + 39 = ______

89 – 14 + 6 = ______ 78 + 22 – 13 = ______

B I N G O

46
50
64
66
73
81
82

15 Zahlenmauern rechnen:
Während Anna und Leon in der Schule sind, träumt Nico vom Mittagessen.

Rechne die Dosen-Pyramiden.

16 Zahlenrallye:
Die Kinder der 2 b veranstalten eine Zahlenrallye.
Am Start sind gerade Anna, Leon, Atasi und Anton.
Jedes Kind trägt eine Startnummer auf seinem Sport-Shirt.

Die Ergebnisse in den Zahlenfeldern musst du ausrechnen. Sie ergeben immer eine der vier Startnummern. Jedes Kind darf von oben nach unten nur auf die Felder hüpfen, deren Ergebnisse ihrer Startnummer entsprechen.

- Male Annas Felder in **roter** Farbe an.
- Male Leons Felder in **oranger** Farbe an.
- Male Atasis Felder in **gelber** Farbe an.
- Male Antons Felder in **blauer** Farbe an.

An welcher Stelle kommen die Kinder am Ende der Rallye an?
Schreibe die richtigen Namen auf die Linien unten.

17 + 61	100 – 33	17 + 29	35 + 58
19 + 74	39 + 39	54 + 13	94 – 48
69 – 23	98 – 5	99 – 21	45 + 22
89 – 11	26 + 67	58 + 9	9 + 37
51 + 42	89 – 43	89 – 22	55 + 23
↓	↓	↓	↓
______	______	______	______

Knobelaufgabe

17 Rechenquadrate lösen:
In einem Zauberquadrat sind die waagerechten, senkrechten und schrägen (diagonalen) Ergebnisse (Summen) gleich.
Die Summe ist die Zauberzahl.

28	21	26
23	25	27
24	29	22

Dieses Quadrat ist ein Zauberquadrat.

Die Zauberzahl heißt: **75**

a Berechne folgende Zauberquadrate und ergänze die fehlenden Zahlen.

		21
22	24	26
	20	25

Die Zauberzahl heißt: ______

32		30
27	29	
		26

Die Zauberzahl heißt: ______

b Baue selbst ein Zauberquadrat.

Die Zauberzahl heißt: **63**

Die Zahlen lauten: 24, 21, 19, 17, 18, 25, 23, 20, 22

c Kannst du das Rechenquadrat lösen?
Trage die Zahlen von 1 bis 9 in das Quadrat ein.
Das Ergebnis (die Summe) ergibt immer (waagerecht, senkrecht und diagonal) 15.
Du darfst jede Zahl nur einmal verwenden.

8		
	5	

Wir lernen das kleine Einmaleins – Multiplizieren im Zahlenraum bis 100

18 Malaufgaben erkennen:
„Kannst du eigentlich schon malnehmen?“, fragt Anna ihren Freund Leon.
„Logisch!“, ruft Leon. „Jetzt muss ich nicht mehr so viel zusammenzählen!“

Du kannst mehrere gleiche Zahlen zusammenzählen.
Einfacher ist es, diese Zahlen **malzunehmen**. Das nennt man auch: **multiplizieren**.

Beispiel: $\underbrace{3 + 3 + 3 + 3 + 3 + 3}_{6 \cdot 3} = 18$

$6 \cdot 3 = 18$

Schreibe zu jedem Zahlengitter die Plusform, die Malform und das Ergebnis auf.

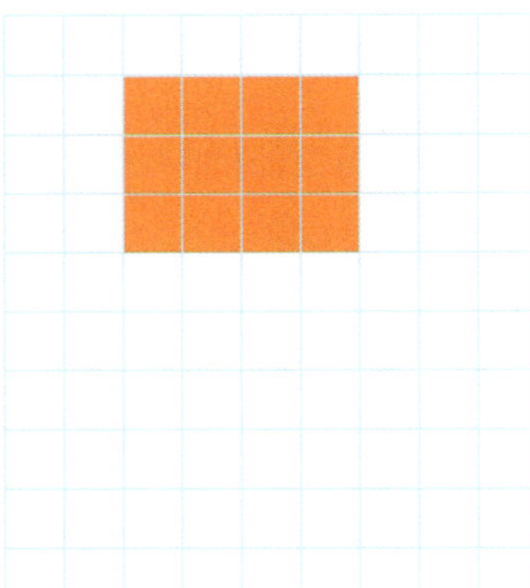

______________________________ = ______

______ · ______ = ______

______________________________ = ______

______ · ______ = ______

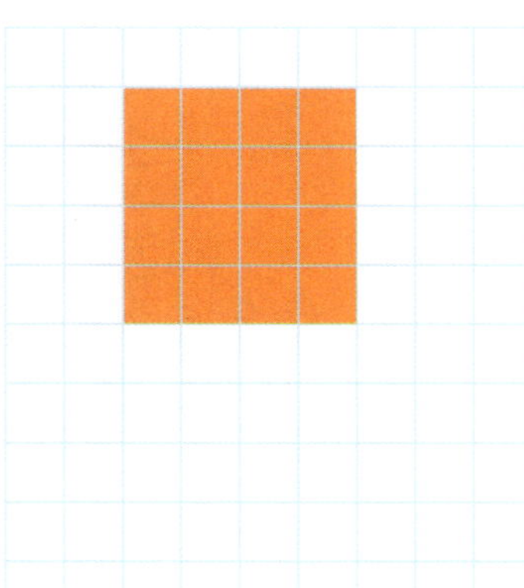

______________________________ = ______

______ · ______ = ______

19 Malnehmen mit Kernaufgaben:
Anna und Leon sind sich sicher: „Das Malnehmen mit Kernaufgaben ist ganz leicht!“

Das Malnehmen mit **Kernaufgaben** kannst du dir so merken:

1 · 1 = 1 1 · 4 = 4	Das Ergebnis steht fast schon da.
2 · 1 = 2 2 · 4 = 8	Das Ergebnis verdoppelt sich.
10 · 1 = 10 10 · 4 = 40	Hier hängst du eine Null an.
5 · 1 = 5 5 · 4 = 20	Das Ergebnis ist die Hälfte vom Zehnfachen.

a Rechne die Kernaufgaben: das **Doppelte**

1 · 2 = ____	1 · 5 = ____	1 · 7 = ____
2 · 2 = ____	2 · 5 = ____	2 · 7 = ____
1 · 8 = ____	1 · 9 = ____	1 · 10 = ____
2 · 8 = ____	2 · 9 = ____	2 · 10 = ____
1 · 6 = ____	1 · 3 = ____	1 · 1 = ____
2 · 6 = ____	2 · 3 = ____	2 · 1 = ____

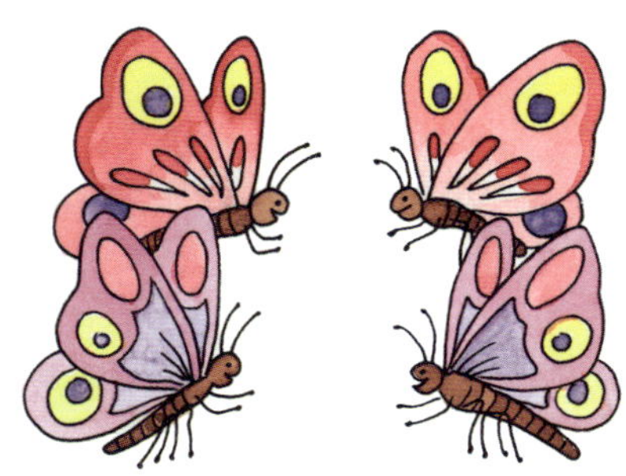

b Rechne die Kernaufgaben: beim **Zehnfachen** eine Null anhängen

1 · 3 = ____	1 · 5 = ____	1 · 7 = ____
10 · 3 = ____	10 · 5 = ____	10 · 7 = ____
1 · 6 = ____	1 · 8 = ____	1 · 9 = ____
10 · 6 = ____	10 · 8 = ____	10 · 9 = ____
1 · 2 = ____	1 · 4 = ____	1 · 1 = ____
10 · 2 = ____	10 · 4 = ____	10 · 1 = ____

c Rechne die Kernaufgaben: die **Hälfte** vom Zehnfachen

10 · 8 = ____	10 · 7 = ____	10 · 10 = ____
5 · 8 = ____	5 · 7 = ____	5 · 10 = ____
10 · 9 = ____	10 · 6 = ____	10 · 2 = ____
5 · 9 = ____	5 · 6 = ____	5 · 2 = ____
10 · 5 = ____	10 · 4 = ____	10 · 3 = ____
5 · 5 = ____	5 · 4 = ____	5 · 3 = ____

20 Quadratzahlen kennen:
Die Klasse 2 b berechnet jetzt die Quadratzahlen.

Quadratzahlen entstehen, wenn du zwei gleiche Zahlen miteinander malnimmst.
Bei den Kernaufgaben hast du schon diese Quadratzahlen kennengelernt:
1 · 1 = 1 **2 · 2** = 4 **5 · 5** = 25 **10 · 10** = 100

Suche in jedem Rechteck die Quadratzahlen, kreise sie **rot** ein und schreibe sie als Einmaleinsaufgabe.

100 33 45 4 19 26 14 17 92 68

2 · 2 = 4

65 49 14 17 59 42 25 23 16 98

9 32 99 81 15 37 36 18 29

2 5 32 15 93 66 17 64 49 74 18 57

Anna bringt die Quadratzahlen immer durcheinander. Jetzt hat sie sich einen Merkspruch ausgedacht. Vielleicht hilft er dir auch?

0 mal 0 ist keins und 1 mal 1 ist eins.
2 mal 2 ist 4, die Maus spielt gern Klavier.
3 mal 3 ist 9, da kann die Maus sich freun.
4 mal 4 ist 16, im Dunkeln kann man schlecht sehn.
5 mal 5 ist 25, ein Tausendfuß die Schuhe band sich.
6 mal 6 ist 36, auch beim Spielen bin ich fleißig.
7 mal 7 ist 49, Essen mag ich scharf und würzig.
8 mal 8 ist 64, Mama sagt oft: „Faul sein rächt sich!"
9 mal 9 ist 81, manchmal bin ich frech und patzig.
10 mal 10 ist 100, rechne nach, wenn es dich wundert!

21 Einmaleins-Zahlenmauern rechnen:
„Ich rechne schon Einmaleins-Mauern!“, ruft Anna stolz.

Das kannst du auch: Die Malaufgabe berechnest du aus zwei benachbarten Steinen. Das Ergebnis steht im Stein darüber. Achte dabei aber auf die Aufgaben mit null!

Wenn du mit **null** malnimmst, musst du aufpassen:
Jede Zahl, die du mit **null** malnimmst, ergibt **null**.

Beispiele: 4 · **0** = **0** 10 · **0** = **0** 9 · **0** = **0**
0 · 4 = **0** **0** · 10 = **0** **0** · 9 = **0**

	20	
2	10	
1	2	5

	24	
	4	
3		2

	35	
7		
	1	5

	0	
	32	
0	8	

	3	
3	3	

10		
	2	5

	60	
	10	
3		5

	56	
7		
	1	8

	0	
7	2	

7	4	
7		

	27	
	3	3

8	2	
	2	

22 Einmaleins-Reihen rechnen:
„So ein schönes Aquarium!“, staunt Anna.
„Aber die Fische sind gar nicht bunt“, mault Leon.

a Male alle Fische aus dem Vierer-Einmaleins **blau** und alle Fische aus dem Fünfer-Einmaleins **rot** an.

b Male alle Fische aus dem Neuner-Einmaleins **grün** und alle Fische aus dem Siebener-Einmaleins **gelb** an.

c Male alle Fische aus dem Sechser-Einmaleins **lila** und alle Fische aus dem Achter-Einmaleins **orange** an.

23 Einmaleins-Reihen üben:
Die Einmaleins-Reihen solltest du auswendig können.

Rechne im Kopf und schreibe das Ergebnis auf.

a

1 · 4 = ______	1 · 9 = ______	3 · 4 = ______	9 · 9 = ______
3 · 9 = ______	2 · 4 = ______	2 · 9 = ______	6 · 4 = ______
5 · 4 = ______	5 · 9 = ______	9 · 4 = ______	4 · 4 = ______
4 · 9 = ______	7 · 4 = ______	6 · 9 = ______	8 · 4 = ______
8 · 9 = ______	7 · 9 = ______	7 · 3 = ______	7 · 5 = ______

b In **a** findest du eine Aufgabe mit ihrer Tauschaufgabe. Umkreise sie.

24 Aufgaben zum Einmaleins finden:
Anna hat aus dem Urlaub viele schöne Muscheln mitgebracht.

Schreibe zu den angegebenen Zahlen die Einmaleinsaufgabe und die entsprechende Tauschaufgabe auf.

63 = 7 · 9
63 = 9 · 7

25 Zusammengesetzte Malaufgaben:
Jetzt soll die Klasse 2 b zusammengesetzte Malaufgaben berechnen. Anna und Leon haben schon eine Idee, wie man die Aufgaben schnell ausrechnen kann.

Bei zusammengesetzten Malaufgaben musst du zwei Malaufgaben zusammenzählen oder voneinander abziehen.

Beispiel: **4** · 3 + **2** · 3 = **6** · 3 = 18

Du rechnest zuerst **4** · 3. Das ist 12.
Dann rechnest du **2** · 3. Das ist 6.
Du zählst 12 und 6 zusammen. Das ist 18.

Du siehst: **4** · 3 + **2** · 3 ist dasselbe wie **6** · 3.

Berechne die zusammengesetzten Malaufgaben.

3	·	5	+	5	·	5	=			·	5	=				
2	·	9	+	6	·	9	=			·	9	=				
7	·	6	+	3	·	6	=			·	6	=				
	·	5	+	5	·	5	=		9	·	5	=				
5	·		+	3	·		=		8	·		=	3	2		
1	0	·	3	–	7	·	3	=	3	·	3	=				
	8	·	4	–	4	·	4	=		·	4	=				
	4	·	9	–	3	·	9	=		·	9	=				
	9	·	3	–		·	3	=		·	3	=		9		
		·	7	–	3	·	7	=		·	7	=	4	9		
3	·	7	+	4	·	7	=			·	7	=				
6	·	2	+	3	·	2	=			·	2	=				
4	·	6	+	3	·	6	=			·	6	=				
8	·	3	+		·	3	=	1	0	·	3	=				
2	·	6	+		·	6	=			·	6	=	3	6		
9	·	8	–	4	·	8	=			·	8	=				
7	·	2	–	5	·	2	=			·	2	=				
6	·	7	–	6	·	7	=			·	7	=				
5	·	8	–		·	8	=			·	8	=	2	4		
	·	2	–	2	·	2	=			·	2	=		4		
	·	3	+	5	·	3	=	2	7							
9	·	8	–		·	8	=	8								
3	·		+	4	·	6	=	4	2							
	·	5	+	3	·	5	=	5	0							
6	·	5	+		·	5	=	3	5							
4	·	7	+		·	7	=	4	9							
9	·	4	–		·	4	=	3	6							
8	·	9	–		·	9	=	9								

Knobelaufgabe

26 Einmaleinsaufgaben bilden:
Immer drei Zahlen gehören zusammen.

a Drei Muscheln bilden eine Einmaleinsaufgabe, zum Beispiel: $9 \cdot 8 = 72$.
Male die zusammengehörenden Muscheln mit derselben Farbe an.

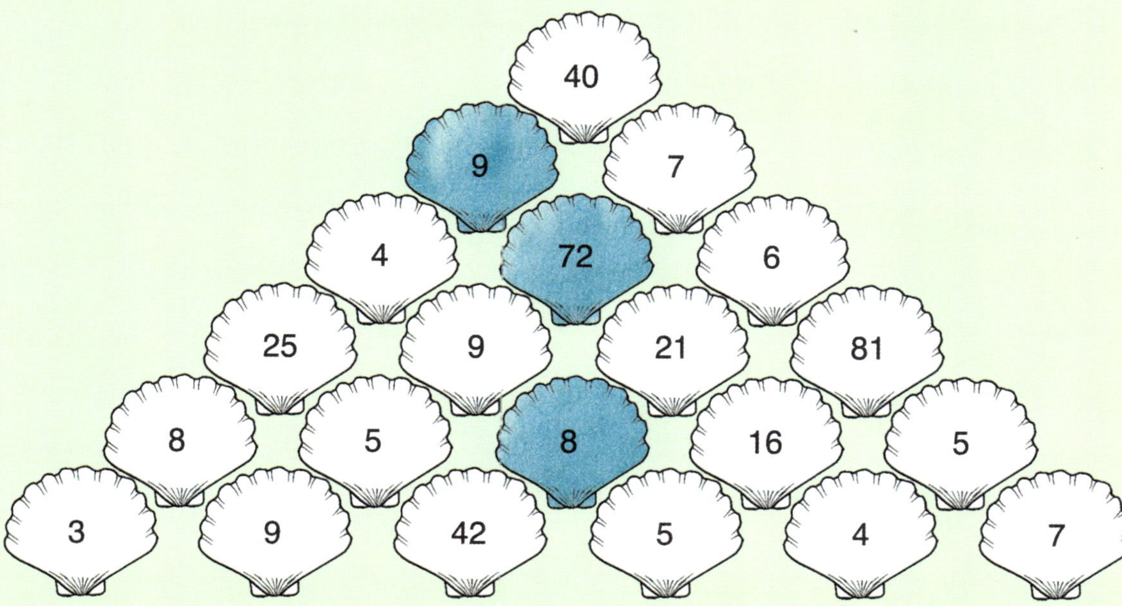

b Drei Fische bilden eine Einmaleinsaufgabe, zum Beispiel: $2 \cdot 10 = 20$.
Male die zusammengehörenden Fische mit derselben Farbe an.

Wir teilen – Aufgaben zur Division

27 Geteiltaufgaben erkennen:
Leon hat 12 Bonbons. Er will sie mit Anna gerecht teilen.
„12 Bonbons und 2 Personen? Wie muss ich das jetzt rechnen?“, überlegt Leon.

Das **gleichmäßige Teilen** einer Menge durch eine bestimmte Zahl nennt man **Division**. Zur Probe kann die Umkehraufgabe gerechnet werden.

Beispiel: 12 Bonbons : 2 Personen
= 12 : 2 = 6   Probe: 6 · 2 = 12

Kreise ein und schreibe die passende Geteiltaufgabe auf.

a

24 : ______ = ______

b

30 : ______ = ______

c

______ : ______ = ______

28 Teilen und prüfen:
„Wenn ich mir unsicher bin, prüfe ich mein Ergebnis einfach nach!“, sagt Leon.

Berechne die Geteiltaufgaben. Überprüfe, indem du die Kreise farbig ausmalst.

8 : 4 = 2

15 : 5 = ______

18 : 6 = ______

20 : 4 = ______

21 : 7 = ______

32 : 8 = ______

15 : 3 = ______

36 : 9 = ______

29 Teilen und umkehren:
„Um meine Rechnung zu prüfen, rechne ich die Umkehraufgabe“, sagt Anna.

Mache es Anna nach: Teile und kontrolliere dein Ergebnis mit der Umkehraufgabe.

a

50 : 5 =	40 : 5 =	50 : 10 =
· 5 =	· 5 =	· 10 =
42 : 7 =	21 : 3 =	56 : 8 =
· 7 =	· 3 =	· 8 =
32 : 4 =	27 : 9 =	18 : 6 =
· 4 =	· 9 =	· 6 =
63 : 7 =	72 : 9 =	36 : 4 =
· 7 =	· 9 =	· 4 =

b

36 : 6 =	49 : 7 =	9 : 3 =
· 6 =	· 7 =	· 3 =
25 : 5 =	16 : 4 =	81 : 9 =
· 5 =	· 4 =	· 9 =
64 : 8 =	4 : 2 =	100 : 10 =
· 8 =	· 2 =	· 10 =

30 Geteiltaufgaben zerlegen:
Anna macht das Teilen Spaß. Doch manchmal sind ihr die Zahlen zu schwierig. Herr Wagner rät Anna: „Zerlege die Aufgaben in mehrere leichte Aufgaben. Die Ergebnisse dieser Teil-Aufgaben zählst du zusammen."

Wenn du eine Geteiltaufgabe nicht auf Anhieb lösen kannst, dann überlege dir, ob du die Aufgabe in **Teil-Aufgaben** zerlegen kannst, die leichter auszurechnen sind. Die Ergebnisse dieser leichteren Geteiltaufgaben zählst du zusammen und erhältst dann das Endergebnis.

Beispiel: 42 : 6 = ____
42 : 6
30 : 6 = **5**
12 : 6 = **2**
42 : 6 = **7**

Zerlege in Teil-Aufgaben und rechne aus.

24 : 2	25 : 5	48 : 8
22 : 2	36 : 6	39 : 3
33 : 3	77 : 7	54 : 6
35 : 5	28 : 4	32 : 2

31 Rechnungen finden:
Aus den drei Zahlen 3, 5, 15 kannst du vier Rechnungen bilden.

$3 \cdot 5 = 15$ $\quad$ $15 : 5 = 3$

$5 \cdot 3 = 15$ $\quad$ $15 : 3 = 5$

a Schreibe jeweils vier Rechnungen auf.

7 / 56 / 8 $\qquad$ 63 / 9 / 7 $\qquad$ 6 / 8 / 48

8 / 9 / 72 $\qquad$ 42 / 7 / 6 $\qquad$ 9 / 5 / 45

b Fülle die Notizzettel aus.

6 / 9 / 54

$6 \cdot 9 = 54$

$9 \cdot 6 = 54$

$54 : 6 =$

$: 9 = 6$

8 / 2 / 16

4 / 7 / 28

9 / 5 / 45

3 / 4 / 12

8 / 7 / 56

32 Teilen mit Rest:
„Wenn ich teile, geht es manchmal nicht richtig auf!“, bemerkt Anna.
„Das nennt man dann Teilen mit Rest“, weiß Leon.

Manchmal bleibt beim Teilen etwas übrig. Da aber immer gerecht (also gleichmäßig) verteilt werden muss, bleibt der übrig gebliebene Teil als Rest stehen.

Beispiel: 25 : 3 = 8 Rest **1** oder kürzer: 8 **R 1**

Das Ergebnis kannst du mit der Umkehraufgabe überprüfen:

Beispiel: 8 · 3 = 24
24 + **1** = 25

a Im Sportunterricht nimmt Herr Wagner immer zwei Bälle aus einer Kiste.
Umkreise immer zwei Bälle. Geht es auf oder bleibt ein Rest?

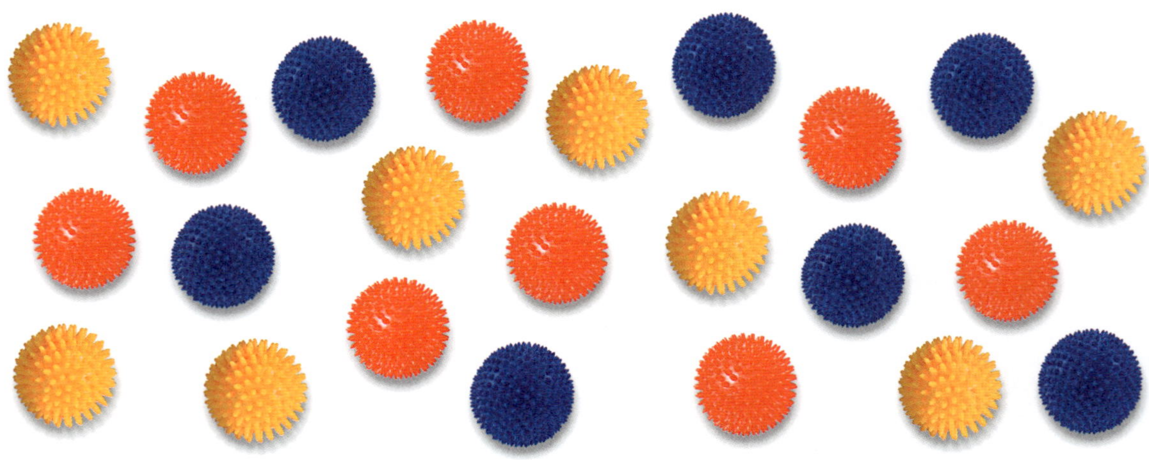

23 : 2 = ______ Rest ______

b Auf Pfiff sollen sich die 23 Kinder der Klasse 2 b ganz schnell in vier Reifen stellen.
In jedem Reifen sollen gleich viele Kinder stehen. Bleiben Kinder übrig?

Die kleinen Kreise stellen die Kinder dar. Verteile sie auf die vier Reifen.

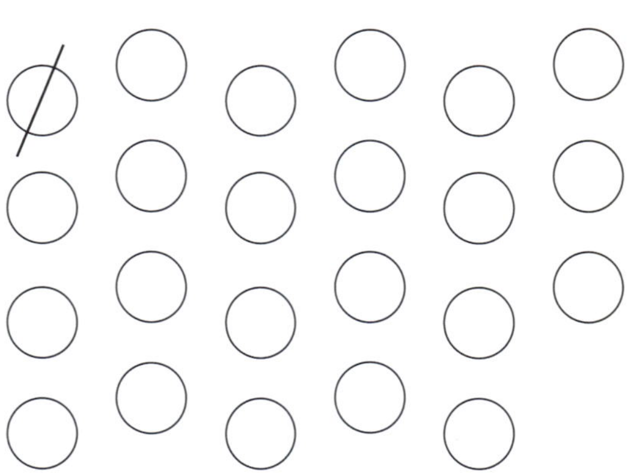

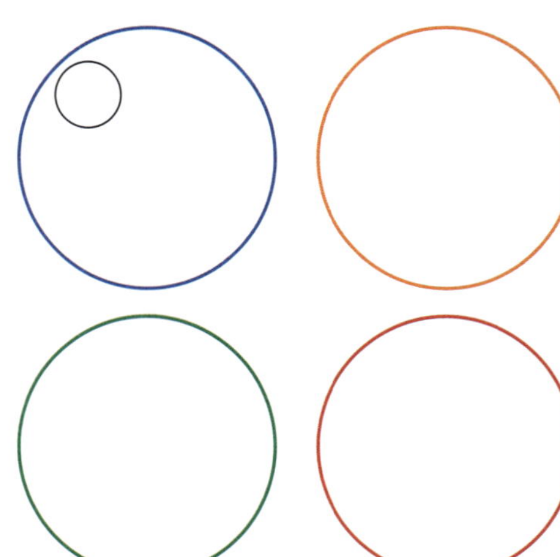

Schreibe die Geteiltaufgabe auf:

23 : 4 = ______ Rest ______

33 Mit Rest teilen:
„Ich kann jetzt auch mit Rest teilen!“, behauptet Anna.

Rechne mit und kontrolliere dein Ergebnis mit der Umkehraufgabe.

Beispiel: 27 : 6 = 4 R 3
4 · 6 = 24
24 + 3 = 27

21 : 5	19 : 6	38 : 5
45 : 7	22 : 5	58 : 8
57 : 7	65 : 8	75 : 9
83 : 9	37 : 6	37 : 4
28 : 3	49 : 5	55 : 6
47 : 5	31 : 6	25 : 3
17 : 2	59 : 7	26 : 9

34 Kreuz und quer rechnen:
Anna und Leon spielen ein Hüpf-Spiel. Sie teilen alle Zahlen in den Reifen durch die Zahl 6. Anna hüpft durch alle Reifen mit dem Rest 3. Leon hüpft durch alle Reifen mit dem Rest 2. Nico macht auch mit. Er rennt über alle Reifen ohne Rest.

Rechne und male Leons Weg **grün**, Annas Weg **gelb** und Nicos Weg **rot**.

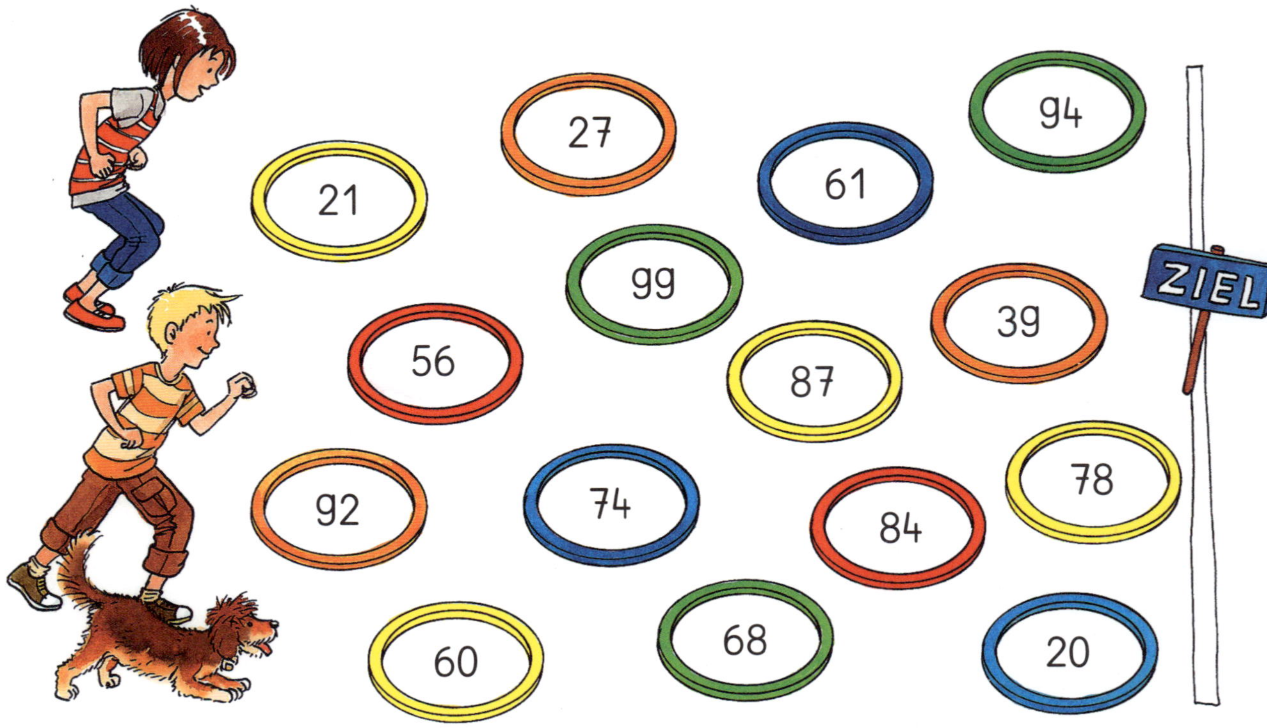

35 Mehrere Schritte rechnen:
Anna und Leon veranstalten ein Schneckenrennen.

Rechne die Schneckenspuren nach.

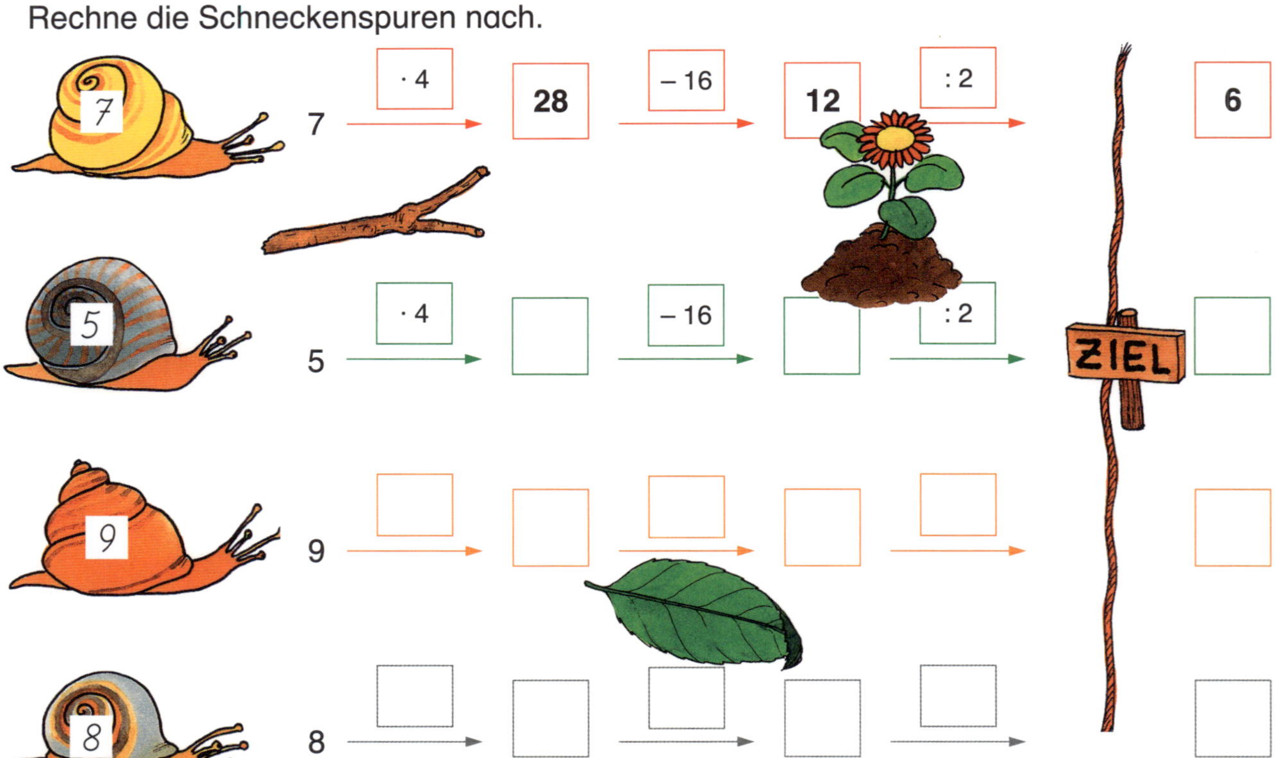